Taxonomía de la investigación

DR. JOSÉ SUPO

Médico Bioestadístico

www.bioestadistico.com

Taxonomía de la investigación – El arte de clasificar aplicado a la investigación científica

Primera edición: Junio del 2015

Editado e Impreso por BIOESTADISTICO EIRL
Av. Los Alpes 818. Jorge Chávez, Paucarpata, Arequipa, Perú.

Hecho el depósito legal en la Biblioteca Nacional del Perú.

N ° 2015-00002

ISBN: 1517152747
ISBN-13: 978-1517152741

DEDICATORIA

A los investigadores, que aportan al conocimiento y a la construcción del método investigativo.

A los que pretenden con la ciencia mejorar el mundo.

CONTENIDO

Premisa N° 1

Los estudios con y sin intervención

Antes de comenzar de lleno a clasificar los estudios, debemos entender que la taxonomía es una ciencia, es exactamente lo opuesto a un dogma. La taxonomía es la ciencia de la clasificación y, como tal, está basada en principios, no en autores; estas normas o reglas que rigen la clasificación deben ser universales, es decir, se deben cumplir siempre.

La taxonomía se apoya en principios universales, como por ejemplo, el principio de **parsimonia**. Ockham, el autor de este principio, decía que la explicación más simple es siempre la más suficiente. Así, para clasificar a los estudios, comenzaremos con la idea más simple: los estudios son solamente de dos tipos.

Este será nuestro punto de partida. A partir de ahora solo hay dos tipos de estudios. Nuestra siguiente tarea consistirá en descubrir un principio universal que nos permita diferenciar un estudio del otro, un principio que se aplique siempre, que no tenga excepciones. Esto será muy divertido.

Digo que será divertido, porque para algunos nos resulta muy lúdico encontrar defectos en las clasificaciones de los diferentes autores, no por mofa, sino porque descubrir los verdaderos principios que rigen la clasificación de los estudios es la tarea de la taxonomía, y por consecuencia de que buscamos siempre principios universales.

Si los estudios son solamente de dos tipos, esto significa que todos los estudios deben pertenecer a uno u otro grupo necesariamente. No puede haber un estudio que no pertenezca a ninguno de los dos grupos previamente identificados. Esto significa que la clasificación es **exhaustiva**, capaz de englobar absolutamente a todos los estudios.

Exhaustivo significa que todos los estudios deben ser asignados en alguno de los dos grupos construidos a partir del criterio de clasificación; no debe quedar posibilidad alguna de que un estudio no pertenezca a uno de estos dos grupos. Si el criterio es correcto, no habrá un estudio que no pueda ser encasillado en uno de estos dos contenedores.

Por otro lado, una buena clasificación permitirá, no solamente cubrir absolutamente a todos los estudios, sino que además impedirá que un estudio sea catalogado en los dos grupos al mismo tiempo, a esta condición se le denomina **excluyente**, significa que no hay un estudio que pertenezca a los dos grupos de la clasificación.

Excluyente significa que los grupos construidos a partir del criterio de clasificación no comparten elementos entre sí; no tienen elementos comunes, no hay un conjunto denominado intersección; un mismo estudio no puede pertenecer a los dos grupos al mismo tiempo. Con todo esto, podemos decir que los estudios son con y sin intervención.

Los estudios sin intervención

Sin intervención por parte del investigador significa que los datos para el desarrollo del estudio provienen de mediciones en las que el investigador no tuvo ningún tipo de participación, o que cualquier acto de medición realizada por el investigador no modifica los resultados de la medición.

Los estudios sin intervención son comúnmente conocidos como **estudios observacionales**, en los cuales ningún acto del investigador modifica los resultados de la medición, incluso si es el propio investigador quien realizó las mediciones; de esta manera, los datos encontrados y la información consignada refleja el estado natural de las unidades de estudio.

Un estudio donde el investigador toma una muestra de sangre para conocer la concentración de glucosa sérica en ayunas, es un estudio observacional. La toma de la muestra de sangre no es una intervención, es solo un procedimiento para medir la variable que se desea conocer, la concentración de glucosa, no va a cambiar por el proceso de la medición.

Un ejemplo de esto es el estudio de prevalencia de diabetes en una población. Para encontrar el valor de la prevalencia, basta con contar cuántas personas padecen de esta enfermedad por cada cada cien evaluados. Está demás decir que el investigador no provocó la diabetes en los pacientes que resultaron positivos en la evaluación.

Para el desarrollo de este estudio sin intervención existen dos opciones. La primera es que el investigador tome la información que se encuentra en los registros y/o archivos de una institución prestadora de salud. La segunda es que el investigador realice sus propias mediciones, es decir, mida directamente la variable que necesita.

Los estudios sin intervención son, clásicamente, los estudios **exploratorios**, aquellos estudios donde el investigador estudia un fenómeno e intenta descubrir en él, aspectos aún no contemplados por la ciencia, busca descubrir patrones, construir conceptos, plantear hipótesis, interpretar la realidad.

Los estudios **descriptivos** también son estudios sin intervención; en ellos si bien se cuantifican las variables, se hallan frecuencias y porcentajes; se calculan promedios y desviaciones estándar. Todo esto se realiza con datos, ya sea tomados de registros o documentos, o bien obtenidos por la medición directa del investigador, no son manipulados.

Todos los estudios **relacionales** que buscan explorar relación entre variables, donde no hay una variable dependiente, sino que simplemente buscan descubrir relaciones bivariadas, como los estudios de factores de riesgo, son observacionales porque en ningún caso se nos ocurriría exponer a las personas intencionalmente a un posible factor de riesgo.

Incluso algunos estudios **explicativos** que buscan demostrar relaciones de causalidad son también observacionales, específicamente los denominados estudios de influencia, donde se pretende demostrar una relación de causalidad; sin embargo, no hay manipulación, de manera que no son estudios experimentales.

Los estudios sin intervención son metodológicamente más sencillos de configurar que un estudio con intervención; no obstante, requieren de mucha experiencia por parte del investigador; experiencia en el tema que se está investigando. Los estudios observacionales utilizan el método inductivo para plantear hipótesis.

Los estudios con intervención

Con intervención por parte del investigador significa que los datos para el desarrollo del estudio, han sido modificados por parte del investigador, no se encuentran en su estado natural. Conocer la dinámica de la variable modificada es precisamente la finalidad del estudio.

No debemos confundir el proceso de la medición con la intervención del investigador, pues son dos cosas totalmente distintas. Por ejemplo, si tomamos una muestra de sangre para conocer el valor sérico de la glucosa en ayunas, será un estudio con intervención solamente si al paciente le hemos administrado una droga para disminuir los valores de glucosa sérica.

Entonces, la condición para que un estudio sea catalogado como un estudio con intervención, es la modificación de la variables a medir por parte del investigador, se modifica la condición de un individuo, los individuos evaluados no se encuentran en su estado natural, sino que la variable medida ha sido modificada por el investigador.

Si el investigador modifica la variable independiente, necesariamente tendrá que verificar los cambios que esto produce sobre la variable dependiente. Es decir, tendrá que hacer sus propias mediciones. Estas mediciones son planeadas por el propio investigador. Al ser mediciones planeadas, es posible controlar los sesgos de medición.

Por lo general, son estudios que requieren una medición basal y una medición final, que nos muestra el resultado de la intervención. Así, podemos asegurarnos que fue la intervención del investigador la que provocó los cambios en la variable dependiente, a esto se le denomina autocontrol o **control interno**, son dos mediciones sobre el mismo grupo.

Habrá ocasiones en que no se pueda hacer dos mediciones sobre la misma variable de estudio. Por ejemplo, la duración del parto luego de la administración de un medicamento: no es posible medir la duración del parto antes y después de la administración del medicamento, en este caso se exige la presencia de un grupo control, denominado **control externo**.

Los estudios con intervención son estudios **analíticos** siempre, porque ya sea que el estudio tenga control interno o control externo, se pueden identificar claramente dos variables: la variable de estudio, que es la variable dependiente, y la variable con o sin medicamento, ya sea que corresponda a las medidas repetidas o a los grupos comparativos.

Existen dos niveles de intervención. La primera es una intervención a propósito de la investigación, esto quiere decir que se modifica a la variable independiente con la finalidad de observar cambios en la variable dependiente. Esto es una intervención **deliberada**, conocida también como manipulación, propia de los estudios experimentales.

Por otro lado, existen intervenciones sobre las unidades de estudio que son **no deliberadas**. En este caso, lo que se busca es un beneficio para el individuo que recibe un tratamiento, de esta manera la intervención se ve restringida por la necesidad terapéutica del sujeto; no se puede manipular a libre albedrío a la variable independiente.

La modificaciones en la variable independiente explican las variaciones en la variable dependiente. Por ello, los estudios con intervención, son estudios **explicativos**, pero también pueden ser **aplicativos**, donde el interés de la intervención es mejorar las condiciones de las unidades de estudio, como por ejemplo, una campaña de vacunación.

Premisa N° 2

Las mediciones con y sin control

Todo estudio necesita datos, incluso aquellos que no pretenden hacer cálculos estadísticos o análisis de datos, como por ejemplo, los estudios exploratorios o cualitativos, estudios que no cuantifican los hechos, sino que solamente se encargan de presentarlos, como por ejemplo el estudio de caso, que en el campo de la salud se denomina caso clínico.

Los datos que se requieren para el desarrollo de un estudio no siempre provienen de una medición controlada. A veces, tenemos que utilizar datos que, si bien están disponibles para el desarrollo de un estudio, el investigador no puede verificar la veracidad de los mismos, porque no fueron medidos a propósito de la investigación.

Para entender mejor lo que son mediciones controladas, vamos a poner un ejemplo, para la toma de la presión arterial se requiere que el paciente esté con la vejiga vacía, haya permanecido en reposo durante los últimos 15 minutos y no haya consumido cafeína o tabaco durante este mismo tiempo.

El paciente debe estar sentado, con la espalda apoyada en la silla, las piernas no deben estar cruzadas y las plantas de los pies deben tocar el suelo, el brazo debe estar apoyado en posición horizontal a la altura del corazón, se utilizará un tensiómetro cuyo brazalete se adapte al diámetro del brazo (para esto existen tres tamaños, pequeño, normal y grande).

El brazalete del tensiómetro se coloca a la altura del tercio medio del brazo izquierdo si el paciente es diestro y del brazo derecho para los zurdos, el brazalete debe de estar en contacto con la piel; el paciente deberá remangarse la camisa, sin comprimir la circulación del bazo, caso contrario es mejor retirar la prenda, además, es importante que el paciente no hable.

Inflar el manguito 20 mmHg por encima de la presión arterial sistólica sospechada, desinflar a ritmo de 2-3 mmHg/segundo; usar la fase I de Korotkoff para la PAS y la fase V que corresponde a la desaparición de los ruidos para la PAD; y si esta no es clara, como ocurre en los niños y en las embarazadas, utilizar la fase IV, denominada fase de amortiguación.

Utilizar dos medidas como mínimo y promediarlas; realizar tomas adicionales si hay cambios superiores a 5 mmHg, hasta 4 tomas que deben promediarse juntas. Para hacer diagnóstico de hipertensión, realizar tres series de medidas en tres semanas: la primera vez medir ambos brazos, usar series alternativas si hay diferencia.

Todo esto es posible de controlar, solamente si el investigador decide realizar sus propias mediciones, en ese caso, se denominan mediciones controladas. Pero cuando los datos para el estudio se toman de las historias clínicas, es imposible saber si se cumplieron estas reglas, en cuyo caso se denominan mediciones no controladas.

Los estudios con mediciones no controladas

Lo ideal es que todos los estudios utilicen mediciones controladas, pero esto no siempre es posible, a veces tenemos que recurrir a información que provienen de mediciones donde el investigador no tuvo ningún tipo control y, por supuesto, no puede dar fe de la exactitud de los mismos.

Si no es posible contar con datos que provienen de mediciones controladas, esto no significa que se deba descartar el estudio. Esta información es útil para el desarrollo de estudios preliminares a nivel exploratorio, descriptivo, relacional y hasta explicativo. Por supuesto, más adelante habrá que desarrollar el estudio con mediciones controladas.

Las mediciones no controladas son las que provienen de registros preexistentes, mediciones en donde el investigador no tuvo participación alguna; por ejemplo, historias clínicas, informes de cirugía, informes de interconsulta, informes de laboratorio, etc. En algunos casos pueden estar muy sesgados.

La desventaja de este tipo de datos es que el investigador no puede dar fe de su precisión y exactitud. Ello no quiere decir que sean inútiles, sino que son un punto de partida para explorar lo que está sucediendo en la población de estudio, para más adelante desarrollar un estudio donde el investigador realice sus propias mediciones.

Trabajar con mediciones no controladas trae ciertas desventajas, se trata de las limitaciones del estudio, que deberán ser advertidas por el investigador y comunicadas en el informe final de la investigación, a fin de que el público lector esté advertido acerca del tipo de datos con el que se desarrolló el estudio.

Los datos secundarios

Son aquellos que provienen de mediciones que no fueron realizadas por el investigador, de manera que no podemos dar fe de la precisión y exactitud de sus mediciones porque desconocemos si fueron mediciones controladas. Los datos secundarios son una característica de los estudios retrospectivos.

Los estudios **retrospectivos** son aquellos que se realizan con información previamente registrada, utilizan información que proviene de mediciones no controladas, donde el investigador no tuvo participación. Este tipo de datos se suele obtener mediante la técnica de recolección de datos denominada **documentación**.

Algunos estudios pueden ser desarrollados solamente con este tipo de información; por ejemplo, el estudio de la mortalidad materna, donde contamos el número de mujeres fallecidas durante el embarazo y parto, y lo dividimos sobre el número de recién nacidos vivos; por último, como este número es muy bajo, lo multiplicamos por cien mil.

La clasificación de los estudios según el control de las mediciones considera únicamente la medición de la variable de estudio. De esta forma, los estudios son prospectivos si tienen mediciones controladas, y retrospectivos si utilizan datos que provienen de mediciones no controladas.

Así, no pueden existir estudios que sean prospectivos y retrospectivos al mismo tiempo, esto porque en todo estudio existe solamente una variable de estudio y todos los datos deben ser obtenidos bajo el mismo método, al medir la variable de estudio en todas la unidades de estudio.

Los estudios con mediciones controladas

Son los estudios que deberíamos realizar siempre; significa que se ha cuidado de no cometer sesgos de medición. Por ejemplo, para evitar la subjetividad a veces prejuiciosa del investigador, debido a su interés en querer demostrar su hipótesis, se aplica un estudio ciego.

Una variable puede ser medida por más de un instrumento, no importa si se trata de una variable objetiva o subjetiva, siempre debemos utilizar el instrumento patrón, Gold estándar, estándar de oro o diagnóstico definitivo. De no ser así, estaríamos cometiendo un sesgo de la capacidad diagnóstica del instrumento.

Las mediciones controladas se logran con instrumentos optimizados, no basta con que el instrumento mida lo que debe medir, además hay que reducir los errores de tipo I y errores de tipo II, cuando realizamos un diagnóstico, esto se logra evaluando la sensibilidad y la especificidad para cada punto de corte que debemos calibrar en nuestro estudio.

Cuando se realizan las técnicas de recolección de datos como la entrevista, la encuesta o la psicometría, debemos evitar el sesgo de la unidad de información, conocido también como el sesgo de memoria, utilizando estrategias específicas para realizar las preguntas al paciente, dado que los pacientes pueden pasar por inadvertido algún tipo de exposición.

En los estudios donde se requiere una respuesta verbal del paciente, enmascara la intencionalidad del estudio, utilizando por ejemplo una escala de mentira, en los experimentos, el simple ciego evita que los pacientes conozcan el tipo de exposición al que se les está sometiendo, evitando así efectos placebo o direccionados por su ganancia secundaria.

Los datos primarios

Todo estudio debería realizarse con datos que provienen de mediciones hechas por el propio investigador, de manera que se asegure contar con datos que provienen de mediciones controladas, donde los sesgos de medición han sido controlados.

Los estudios que utilizan datos primarios no solamente son aquellos que provienen de mediciones realizadas a propósito de la investigación, sino que en el proceso de la medición se ha conseguido controlar todos los sesgos que pueden afectar la precisión y exactitud de las mediciones. A los estudios que utilizan este tipo de información se les denomina **prospectivos.**

Los estudios prospectivos son aquellos que se realizan con datos que provienen de mediciones controladas. Esto, por supuesto, es un requisito indispensable en los estudios experimentales; también se cuenta con este tipo de información para el desarrollo de la minería de datos en los estudios predictivos y en los estudios aplicativos.

Hay que recordar que no es lo mismo realizar mediciones, que recolectar datos. La medición implica el uso de instrumentos de medición para conocer el valor final de la variable a medir; la recolección de datos es solamente el traslado de esta información hacia una matriz de datos con el fin de analizarlos según los objetivos del estudio.

Los datos primarios provienen de mediciones controladas, y son característicos de los estudios prospectivos, siempre enfocando la atención en la variable de estudio. Debido a que los estudios pueden tener más de una variable analítica, la clasificación de los estudios se realiza sobre la variable de estudio.

Premisa N° 3

Los estudios con una y más mediciones

En la premisa anterior habíamos mencionado que todo estudio necesita datos, incluso aquellos que no tienen la intención de analizarlos estadísticamente, tal como ocurre en los estudios exploratorios; estos datos provienen de mediciones, ya sea que estas mediciones las haya realizado el propio investigador, o las hayan realizado agentes externos.

Toda variable participante en el estudio debe ser medida, por lo menos en una ocasión, pero puede ser también medida en varias ocasiones. Utilizar una u otro camino dependerá del propósito del estudio, así que nuestro punto de partida será reconocer que cada variable participante debe ser medida por lo menos una vez.

De esta forma podemos plantear la clasificación de los estudios por el número de mediciones de la variable de estudio, dado que un estudio puede tener más de una variable, el enfoque para esta clasificación como en la anterior está en la variable de estudio.

La variable *número de mediciones*

Un estudio que cuenta solamente con un grupo, al cual se le ha realizado una intervención, tiene dos variables: la variable que se mide en una y otra ocasión para ver el efecto de la intervención, y la variable *número de mediciones* que mínimamente pueden ser dos.

Ahora, supongamos que le damos tratamiento con Captopril a un grupo de pacientes con hipertensión. La variable de estudio, naturalmente, es la presión arterial, pero como el grupo ha sido medido en dos ocasiones (la primera medida fue sin el Captopril, y la segunda medida con el Captopril), entonces, aparece la variable número de mediciones.

Esto es muy similar al caso en que tengamos dos grupos (el primero con Captopril y el segundo sin Captopril), solo que en este caso, tenemos un grupo al que se le ha medido en dos ocasiones. Ello hace que el número de mediciones deba ser incluido en el análisis estadístico para este estudio con más de una medición.

Los estudios con una sola medición son los denominados transversales, son aquellos estudios donde todas sus variables son medidas en una sola ocasión, independientemente del tiempo que nos tome realizar las mediciones de todos los elementos que conformen el grupo de estudio. Esta clasificación nada tiene que ver con la duración del estudio.

Los estudios con más de una medición son los denominados longitudinales. Esta clasificación se desarrolla teniendo en cuenta solamente a la variable aleatoria, que, por lo general, es la variable de estudio (en los estudios experimentales esta corresponde a la variable dependiente).

Los estudios con una sola medición

Son los estudios transversales. Aquí cada variable es medida en una sola ocasión, esto incluye la medición de la variable de estudio. No importa cuánto tiempo tome obtener los datos de los individuos evaluados, ni cuánto tiempo tome evaluar a todo el conjunto de individuos.

Existe el mito de que los estudios transversales son de corta duración. El hecho concreto es que un estudio puede demorar un año incluso un periodo mayor si eso es lo que se necesita para evaluar de uno en uno a cada elemento del grupo que pretendemos estudiar. El periodo de observación dependerá del propósito del estudio.

Los estudios transversales observacionales son aquellos que no realizan seguimientos. Si se trata de un solo grupo, solo busca describir; pero si se trata de más de un grupo, busca comparar. En estas comparaciones transversales suele haber un grupo de casos y un grupo controles.

Al control con un grupo paralelo se le denomina control externo. Desde el punto de vista analítico, la comparación es entre grupos independientes, muestras independientes o grupos independientes. En todos los casos se realiza solamente una medición, pero puede haber dos o más grupos.

Los estudios trasversales experimentales son poco frecuentes, dado que los experimentos idealmente deben tener una medición basal y una medición final. Pero como esto no siempre es factible de conseguir, aparecen los experimentos transversales, donde tendremos un grupo de estudio y un grupo control.

El grupo de estudio corresponde al grupo manipulado, y el grupo control corresponde al grupo no manipulado. A este tipo de control se le denomina control externo. En un experimento transversal no hay autocontrol, puesto que solo hay una medición (a esto se le denomina pre experimento.

Los estudios transversales retrospectivos son aquellos donde se realiza una sola medición, y esta no es controlada. Dicho de otro modo, los datos que se utilizan para el desarrollo del estudio son secundarios, porque provienen de registros que contienen mediciones no planificadas por el investigador.

La ventaja de este tipo de estudios es muy clara: la información de este tipo es muy fácil de recolectar. Por ello se han convertido en los favoritos de alumnos y tesistas, dado que conseguir los datos aquí, consiste en apenas obtener la autorización para copiarlos desde los registros en donde se encuentran almacenados.

Los estudios transversales prospectivos son aquellos donde se realiza una sola medición y esta única medición es controlada, una medición que no necesariamente es realizada por el investigador, pero que cuenta con el control de los sesgos de medición, lo que asegura la precisión y exactitud de sus datos.

Realizar mediciones controladas puede implicar más esfuerzo y dedicación a la hora de obtener los datos; sin embargo, hay que recordar que solamente se va a realizar una medición. Esto resulta ventajoso frente a los estudios donde se realiza más de una medición, a los que denominamos estudios longitudinales.

Los estudios con más de una medición

Son los estudios longitudinales. Teniendo en cuenta que un estudio puede tener más de una variable, no es necesario que todas las variables sean medidas en más de una ocasión para ser considerado como estudio longitudinal, basta con que esta sea la característica de una sola variable.

La variable que es medida en más de una ocasión es la variable aleatoria; se le denomina así porque su distribución es conocida solamente luego de la recolección de los datos, precisamente por ello requiere ser medida; sin embargo, es posible que la variable medida en más de una ocasión no sea única, sino que existan varias variables en esta condición.

Aunque lo común es que el estudio longitudinal tenga solamente una variable medida en más de una ocasión, se trata de la variable de estudio, de la variable que aparece en el enunciado del estudio, a la cual se le puede medir en dos o más ocasiones. A los estudios con dos mediciones se les suele denominar comparaciones antes-después.

A estas comparaciones denominadas antes-después se les suele llamar comparaciones entre muestras relacionadas, entre muestras emparejadas, muestras pareadas, grupos emparejados o grupos pareados, aunque el nombre correcto sería entre medidas repetidas, porque en realidad se trata de una sola muestra o un solo grupo medido en dos ocasiones.

En consecuencia, los estudios longitudinales más sencillos que existen son aquellos que tienen solamente dos mediciones, entre estas dos mediciones puede haber una intervención, es decir, puede ser un estudio experimental; o simplemente haber un acontecimiento, de tal modo que se trata de un estudio observacional.

Los estudios longitudinales observacionales corresponden a la comparación antes-después sin intervención, aquí se ejecutan dos mediciones, una basal y otra final, en medio de las dos mediciones hay un acontecimiento no provocado por el investigador; la finalidad del estudio es conocer las variaciones debidas al acontecimiento.

Los procedimientos estadísticos para concretar esta intención son muy conocidos. Si la variable medida en las dos ocasiones es dicotómica, se utiliza el test de McNemar; pero si la variable medida en las dos ocasiones es numérica, se utiliza la t de Student para muestras relacionadas, que debiera llamar t de Student para medidas repetidas.

Los estudios longitudinales experimentales corresponden a la comparación antes-después con intervención deliberada, lo que conocemos como manipulación, en medio de las dos mediciones inicial y final hay un acontecimiento provocado por el investigador. La finalidad del estudio es conocer las variaciones debidas la manipulación.

Los procedimientos estadísticos para realizar las comparaciones antes-después en los estudios experimentales, son exactamente los mismos que se plantearon para los estudios observacionales. Así, tenemos que la manipulación solo corresponde a la intención del investigador de querer conocer los efectos de un determinado tratamiento.

Existen también estudios con más de dos mediciones, extendiéndose incluso hasta el infinito. Se trata de estudios con intenciones totalmente distintas a las desarrolladas anteriormente, así hacen su aparición las series temporales. Por lo general, se utilizan para realizar predicciones de una variable en función a su comportamiento en el pasado.

Premisa N° 4

Los estudios con una y más variables

Antes de comenzar a desarrollar esta premisa, debemos recordar que para desarrollar un estudio, necesitamos variables, por lo menos una, pero pueden ser tantas como la intencionalidad del investigador o el propósito del estudio lo requiera.

Es así que nace la clasificación de los estudios según el número de variables analíticas, las que se aparecen en el enunciado del estudio. Recordemos que los tres elementos más importantes del enunciado del estudio son: el propósito del estudio, las unidades de estudio y las variables analíticas.

Veamos un ejemplo con una sola variable analítica en su enunciado: Prevalencia de diabetes en mayores de 35 años. Aquí aparece solamente una variable analítica: "Diabetes". Por supuesto, habrá que describir las características de la población estudiada, pero estas características no aparecen en el enunciado del estudio.

Ahora, un ejemplo de enunciado con dos variables analíticas: Influencia del clima organizacional sobre la calidad de la atención, en los centros de salud. Aquí tenemos dos variables analíticas: "Clima organizacional" y "Calidad de la atención". El estudio puede requerir caracterizar a los centros de salud, pero eso no aparece en el enunciado.

También podemos plantear un enunciado con tres variables analíticas: Influencia del sedentarismo sobre la obesidad según la edad en la población nacional. Podemos identificar a las tres variables analíticas: "Sedentarismo", "Obesidad" y "Edad". En este caso, la edad es una variable de control para conocer la relación real entre el sedentarismo y la obesidad.

En este último caso también es posible que se necesite caracterizar a la población nacional, pero esas características que no aparecen en el enunciado, si deben aparecer en el cuadro de operacionalización de variables. Hasta ahora no hay un estudio publicado en ninguna revista científica que contenga cuatro variables en su enunciado.

Hay que tener en cuenta que una variable analítica es aquella que juega un determinado rol dentro de la relación entre variables, ya sea independiente, dependiente o interviniente; pero esto no quiere decir que dentro de una variable analítica exista solamente una característica, sino que pueden haber varias características.

Como en el ejemplo: Factores de riesgo para la diabetes en mayores de 35 años. La palabra "Factores" representa a una variable analítica, que en su interior contiene varias características como: sedentarismo, hábito de fumar, consumo de alcohol, hábitos alimenticios, higiene del sueño, obesidad y otros.

Los estudios con una variable analítica

Son los estudios descriptivos. Aquí tenemos a los estudios de prevalencia e incidencia. Precisamente, estos dos términos corresponden al propósito del estudio, de manera que podemos plantear estudios de prevalencia de diabetes y estudios de incidencia de diabetes.

Tanto la prevalencia como la incidencia corresponden a medidas de frecuencia de la enfermedad, estimaciones de un parámetro de la población a partir de una muestra, estimaciones que, por supuesto, tendrán que ser acompañadas por sus respectivos intervalos de confianza. Ambos estudios son observacionales, entonces ¿dónde radica la diferencia?

Los estudios de prevalencia son transversales y clásicamente retrospectivos; transversales porque requieren de la medición de la variable de estudio en una sola ocasión y esta única medición no fue controlada por el investigador. Aunque existe la posibilidad de que el investigador realice sus propias mediciones, no es lo más común.

La prevalencia nos da una visión panorámica de lo que está sucediendo con una población, con respecto de una entidad nosológica, nos ayuda a decidir si la enfermedad en estudio representa un problema de salud pública, a partir de la frecuencia de otras enfermedades y de la dinámica de la misma a lo largo del tiempo; no requiere una medición pulcramente exacta.

Los estudios de incidencia son longitudinales y siempre prospectivos, pero más que eso, se trata de estudios de seguimiento, consiste en conocer la velocidad con que aparecen los casos nuevos de una enfermedad en una determinada población en una unidad de tiempo, esta unidad de tiempo por lo general es un año, pero puede tener un valor distinto.

Podemos estudiar, por ejemplo, la incidencia de la enfermedad de la diabetes, lo cual correspondería conocer el número de casos nuevos de diabetes que aparecen cada año. Por supuesto, es menos interesante que conocer la cantidad de diabéticos que hay en una determinada población en el presente año.

Esto ocurre porque la incidencia, al evaluar la velocidad con que aparecen los casos nuevos de una enfermedad, es una medida mucho más interesante en el estudio de las enfermedades; por ejemplo, cuando ocurre una epidemia, es más valioso conocer la velocidad con la que aparecen los casos nuevos, que simplemente saber cuántos casos tenemos.

Así, podemos deducir que la prevalencia es un dato útil en el estudio de las enfermedades crónicas, aquellas que se establecen en algún momento de la vida y nunca más desaparecen, como son todas las enfermedades heredo-degenerativas, como la diabetes, hipertensión arterial, glaucoma, artritis, artrosis, etc.

Los estudios descriptivos tienen como intención principal la estimación puntual de un parámetro de la población a partir de una muestra, como son la incidencia y la prevalencia, pero también pueden poner a prueba hipótesis, al comparar la estimación puntual del grupo en estudio con el parámetro de su población o incluso de una población distinta.

Una confusión frecuente que tienen algunos es que piensan que el estudio descriptivo es sinónimo de estudio observacional; es verdad que todos los estudios descriptivos son observacionales, pero no todos los estudios observacionales son descriptivos. Los estudios observacionales también pueden ser analíticos.

Los estudios con más de una variable analítica

Son los estudios analíticos. Su intención primara es relacionar variables. Para relacionar variables, necesitamos por lo menos dos variables, aunque pudieran ser mas, así da origen al análisis bivariado y al análisis multivariado.

El análisis bivariado es característico de los estudios de nivel relacional. Esto significa que todo procedimiento analítico aquí es de dos en dos; por ejemplo, en el estudio "Factores de riesgo para la diabetes en mayores de 35 años", dentro de la variable analítica "Factores" hay un conjunto de características como el sedentarismo, la obesidad y el hábito de fumar.

En un estudio de nivel relacional, por ser bivariado, tendremos que relacionar el sedentarismo con la diabetes, la obesidad con la diabetes y el hábito de fumar con la diabetes; es decir, cada una de las características que conforman la variable analítica denominada "Factores" con la variable de estudio denominada "Diabetes"

Aquí hay algunas reglas que seguir: al sedentarismo, la obesidad y el hábito de fumar se les denomina variables asociadas, y a la diabetes se le denomina variable de supervisión. Por esta razón, es que se relaciona a cada una de las variables asociadas con la variable de supervisión; no está permitido, por ejemplo, relacionar el sedentarismo con la obesidad.

En cada una de las relaciones bivariadas debe aparecer la variable de supervisión, debe aparecer la diabetes, que es la variable de estudio. Los procedimientos estadísticos son variados y dependerán del tipo de variables con las que estemos trabajado como Chi cuadrado para variables categóricas y la correlación de Pearson para variables numéricas.

El análisis multivariado aparece en los estudios de nivel explicativo, no solamente en aquellos estudios que cuentan con variables intervinientes, sino también en aquellos estudios donde solamente hay variables independientes y variable dependiente, esto se consigue analizando la interacción entre las variables independientes.

Así, aparecen los procedimientos como las regresiones, los modelos logísticos y los modelos lineales. Corresponden al análisis estadístico para demostrar relaciones de causalidad, dado que la relación entre variables en la naturaleza no son eventos aislados, sino que están influenciados por otras variables que también tendrán que ser identificadas.

Los estudios analíticos engloban a los estudios explicativos, predictivos y aplicativos; es decir, agrupan no solamente un conjunto grande de métodos investigativos, sino también de procedimientos estadísticos. Nótese que no dije pruebas estadísticas, porque las pruebas estadísticas ponen a prueba hipótesis, y en análisis de datos no todo es prueba de hipótesis.

En los estudios relacionales tenemos prueba de hipótesis y estimación puntual; en los estudios explicativos todo es prueba de hipótesis, la hipótesis de la causalidad; en los estudios predictivos todo es estimación puntual, y en los estudios aplicativos, aparecen los procedimientos de evaluación, monitoreo y calibración.

La clasificación de los estudios en descriptivos y analíticos, es el punto de partida para hablar los niveles de la investigación. Por otro lado, cada uno de los cuatro criterios de clasificación revisados hasta este momento son independientes, quiere decir que una clasificación no condiciona a la otra, son los tipos de investigación.

Premisa N° 5

Los estudios de nivel exploratorio

El estudio de nivel exploratorio corresponde a la investigación cualitativa, su característica más importante es que carece de análisis estadístico. No estoy diciendo que carezca de mediciones, sino de análisis estadístico, puesto que este estudio puede contar con mediciones de variables objetivas realizadas incluso con instrumentos mecánicos.

Un claro ejemplo de esto es el estudio del caso único, conocido también como caso clínico, donde se consigna el valor del peso, talla y temperatura del paciente, es decir, verdaderas mediciones del paciente; pero lo que no vamos a encontrar en este estudio es un análisis estadístico de relación entre variables, ni siquiera un análisis univariado.

Las líneas de investigación tienen su origen en el nivel exploratorio, puesto que es aquí donde se descubren los problemas, se estudian los fenómenos, se explican las cosas, se conceptualizan las cuestiones que vamos a cuantificar más adelante.

El estudio exploratorio es heurístico

Principalmente en el campo de las Ciencias de la Salud, el pensamiento heurístico, busca principios, establece reglas, desarrolla estrategias, elabora medios auxiliares que faciliten el diagnóstico clínico o el reconocimiento de la enfermedad; dado que para esto no se cuenta con un algoritmo rígido.

En los estudios de nivel exploratorio, el razonamiento heurístico genera procedimientos, formas de trabajo y de pensamiento que apoyan la realización consciente de actividades mentales exigentes; asimismo, los procedimientos heurísticos como herramienta del método científico pueden dividirse en principios, reglas y estrategias.

Los principios heurísticos constituyen sugerencias universales para encontrar, de manera más o menos directa, un resultado, no es un algoritmo matemático, es una idea bien fundamentada; esto posibilita sistematizar un determinado procedimiento; dentro de estos principios se destacan la analogía y la reducción (modelización).

Las reglas heurísticas son lineamientos generales dentro del proceso de búsqueda y ayudan a encontrar los medios para dar con el diagnóstico. Las reglas heurísticas que más se emplean son: la selección de síntomas y signos con la intención de construir una unidad clínica, y con ello configurar un síndrome para tratar de encajarlo con alguna patología conocida.

Las estrategias heurísticas son recursos organizativos del proceso de búsqueda, y contribuyen a determinar la vía adecuada para el objetivo trazado; para esto existen dos estrategias: el trabajo hacia adelante, en donde se analizan los signos y síntomas; el trabajo hacia atrás, en el que se piensa en una enfermedad y se buscan sus signos y síntomas.

El estudio exploratorio es fenomenológico

Especialmente en el campo de las Ciencias Naturales, la fenomenología surge como una necesidad de explicar la naturaleza, por eso estudia las manifestaciones o fenómenos que se producen en la naturaleza; para esto la fenomenología apela a la experiencia ya sea intuitiva o evidente.

De acuerdo con esto último, es posible identificar dentro de la fenomenología dos tipos de razonamientos: uno pre-científico, denominado intuitivo, que apela a los aspectos subjetivos del pensamiento, y otro científico, denominado evidente, correspondiente a las manifestaciones objetivas de la naturaleza.

Para Husserl, la fenomenología es la ciencia que trata de descubrir la experiencia de la conciencia, la percepción del fenómeno; se enfoca en el estudio de la experiencia vivida de un paciente respecto de una enfermedad o problema y busca describir los significados de los fenómenos experimentados por el individuo a través del análisis de sus descripciones.

Para Heidegger, la fenomenología es el estudio de los fenómenos; y consiste en "permitir ver lo que se muestra, tal como se muestra a sí mismo y en cuanto se muestra por sí mismo"; si es un fenómeno objetivo, entonces es verdadero y es científico; la fenomenología busca cómo revelar y hacer visible las realidades.

Finalmente, la fenomenología es una corriente filosófica, es un enfoque y un método, que busca conocer las manifestaciones de la naturaleza, la realidad del mundo tal y como es, y describir la experiencia del sujeto que la percibe. La fenomenología es una herramienta perfecta para describir un fenómeno como punto de partida de una línea de investigación.

El estudio exploratorio es hermenéutico

Fundamentalmente, en el campo de las Ciencias Sociales, la hermenéutica significa el arte de la interpretación, porque busca interpretar los problemas sociales; es el arte de explicar las cosas y así evitar el malentendido, busca explicar, por ejemplo, la pobreza y la guerra.

En un principio, la hermenéutica solo se dedicaba a interpretar los textos bíblicos, pero hoy en día su uso y aplicación se ha ampliado a la interpretación de textos y contextos históricos, literarios y, por supuesto, también a los científicos. En el campo médico, por ejemplo, la hermenéutica busca traducir los signos y síntomas en una enfermedad.

La hermenéutica, como herramienta del método científico, busca hacer las cosas comprensibles, porque comprender es ponerse de acuerdo con alguien sobre algo; de manera que el lenguaje es el medio universal para realizar este consenso o comprensión; el diálogo es el modo concreto para alcanzar esta comprensión.

Se considera que el término hermenéutica deriva del nombre del dios griego Hermes, el mensajero, al que los griegos atribuían el origen del lenguaje y la escritura y al que consideraban patrono de la comunicación y el entendimiento humano; el término originalmente expresaba la comprensión y explicación de un mensaje enigmático de los dioses.

En un sentido amplio, el término hermenéutica significa interpretar, declarar, anunciar, esclarecer y traducir; una herramienta muy utilizada en el campo de las Ciencias Sociales, para explicar problemas que luego tendrán que ser analizadas cuantitativamente. Así, la hermenéutica es una herramienta para iniciar una línea de investigación.

El estudio exploratorio es constructivista

Esencialmente en el campo de las Ciencias del Comportamiento, existe la necesidad de estudiar conceptos, como la depresión, la inteligencia y la calidad de la atención; que en primer lugar deberán ser definidos, el constructivismo nos ayuda con la tarea de crear conceptos.

El origen de la enfermedad según Piaget, es orgánico, biológico y genético; así que darle un concepto a la enfermedad, no es más que una organización de estructuras cognitivas; el origen de la enfermedad es una consecuencia de los procesos adaptativos al medio, el concepto de la enfermedad estará de acuerdo con el medio en que se estudia.

Vigotsky nos dice que los concepto de la enfermedad está condicionado por la cultura en donde nacemos, y por la sociedad en la que vivimos; los procesos sociales y culturales influyen en la conceptualización de las enfermedades; un concepto no es más que un consenso del grupo social al que pertenece el individuo que lo enuncia.

Ausubel manifiesta que un concepto debe tener orden y estructura lógica, su definición debe entrelazar con otros conceptos, debe acomodarse en la estructura cognitiva del sujeto; el concepto es significativo cuando el nuevo concepto encaja perfectamente con los conceptos previos que posee el individuo y así se siente libre de emitir nuevos conceptos.

Novak busca detectar relaciones organizacionales entre los conceptos, la nueva teoría debe ser expresada a través de la creación de mapas conceptuales; este es un criterio metodológico de gran validez; el concepto no se basta con su definición, requiere una revisión y enriquecimiento mediante conexiones con otros conceptos.

Si bien en esta sección hemos presentado los cuatro enfoques de la investigación cualitativa, o del estudio de nivel exploratorio de acuerdo al campo del conocimiento en que se originaron, esto no implica que dichos métodos sean exclusivos del campo del conocimiento en el que tuvieron su origen, pueden y deber ser utilizados de manera complementaria.

Por ejemplo, la enfermedad es un problema de salud, una condición que afecta a individuos y poblaciones que debe ser detectado mediante métodos heurísticos, esto significa que no existe un algoritmo exacto para saber si estamos frente a una determinada enfermedad, sino que se hace uso de un razonamiento cualitativo para llegar al diagnóstico.

La enfermedad también es un fenómeno, que debe ser estudiado desde dos perspectivas, en su naturaleza real y objetiva, mediante la búsqueda de los signos que la acompañan, pero también como experiencia subjetiva del sujeto afectado, expresados por los síntomas que el propio paciente comunica, bajo su propia percepción que describe.

Tanto la enfermedad como sus manifestaciones deben ser explicados, la enfermedad debe explicar la presencia de las manifestaciones clínicas. Los signos y síntomas adecuadamente integrados en una unidad clínica, nos llevan a plantear la hipótesis de una entidad clínica, la hermenéutica busca traducir esos signos y síntomas en una entidad cínica.

La enfermedad también es un concepto que requiere ser consensuado, es la expresión de una alteración orgánica, concepto de consenso entre los expertos de la especialidad, se integra con conceptos de otras especialidades y puede ser expresado a través de mapas conceptuales, sujeto a revisión y modificación, en virtud de que debe relacionarse con otros conceptos.

Premisa N° 6

Los estudios de nivel descriptivo

Continuando con el desarrollo de una línea de investigación, en el nivel investigativo anterior, ya se realizó el diagnóstico clínico, la descripción del fenómeno, la interpretación de la entidad en estudio y la conceptualización clara de la enfermedad o el problema que originó la línea de investigación.

Este diagnóstico, corresponde a una variable, por ejemplo, la diabetes es un diagnóstico y también es una variable, la diabetes también es una manifestación de la naturaleza, es un fenómeno y es una variable, la diabetes debe ser conceptualizada para que podamos entendernos en el transcurso de su estudio; la diabetes es un concepto y también una variable.

Esta variable se denomina variable de estudio y a partir de ahora es la característica principal de la línea de investigación; nació en el nivel exploratorio, ahora corresponde su estudio desde el punto de vista cuantitativo, y el nivel descriptivo es el primero en aparecer, le corresponderá cuantificar su presencia en la población.

Ninguna enfermedad afecta al cien por ciento de la población, por consecuencia ninguna variable tendrá un mismo valor en toda la población, porque de ser así, ya no sería variable, por ejemplo, en la población, algunas personas tienen diabetes y otras no la tienen; por esta razón, se le denomina variable.

Conocer la proporción de personas afectadas por la enfermedad en una población es la finalidad del estudio descriptivo, pero la frecuencia de la enfermedad varía entre una población y otra. Del mismo modo, la frecuencia de la enfermedad varía con el tiempo; por esta razón, la delimitación espacial y temporal son cruciales en un estudio descriptivo.

La delimitación espacial significa que luego de haber identificado a los individuos que pueden ser afectados por el problema o la enfermedad, no podemos estudiarlos a todos, así que habrá que enfocarse sobre aquellos, que si podemos influir, una población en contacto con el investigador, delimitado en términos de espacio geográfico.

La delimitación temporal significa que incluso en los casos donde se ha delimitado a la población de estudio espacialmente, esta población puede crecer a lo largo del tiempo; es decir, se trata de una población dinámica. Entonces deberemos establecer un espacio temporal donde realizar estudio, un periodo razonable para conocer el problema.

El nivel descriptivo es el primero de los niveles cuantitativos. Aquí, el análisis estadístico, los procedimientos analíticos y el uso del software estadístico son imprescindibles a la hora de realizar cálculos para completar los objetivos del estudio, los mismos que tendrán que plantearse en función al tratamiento estadístico que tendremos que dar a los datos.

El estudio descriptivo es univariado

Si pudiéramos resumir todo lo que podemos hablar del estudio descriptivo en una sola palabra, esta palabra sería "univariado". En efecto, dijimos que el estudio descriptivo pertenece a la investigación cuantitativa, pero todo el análisis de datos en este estudio es de una sola variable.

Si trabajamos con variables categóricas, debemos presentar como información básica a las frecuencias absolutas y frecuencias relativas, esto es el conteo y el porcentaje de una determinada característica. Por ejemplo, si tenemos 50 pacientes de los cuales 6 tienen diabetes, entonces 6 es la frecuencia absoluta, pero el 12% es la frecuencia relativa.

A la frecuencia absoluta y frecuencia relativa se les conoce como estadísticos, llamados también como estadígrafos, son medidas de resumen de la información a un nivel univariado, y aunque en apariencia para algunos, esto no implica análisis estadístico, estos sencillos cálculos si son considerados análisis estadístico univariado.

Si trabajamos con una variable categórica politómica, habrá que calcular la frecuencia de más de una categoría. Por ejemplo, si tenemos un grupo de 50 pacientes, 15 de ellos casados, 25 convivientes y 10 solteros, habrá que presentar tres frecuencias absolutas y relativas, una para cada categoría de la variable estado civil.

Otra consideración importante es que las frecuencias se presentan siempre en orden descendente, de tal modo que para los casos en que tengamos muchas categorías, podemos agrupar las menos frecuentes en la categoría de "otros" siempre que este grupo no supere el 20% de todo el grupo analizado, esto siguiendo la regla de Pareto o la regla del 80-20.

Si trabajamos con variables numéricas, los estadísticos indispensables son la media y la desviación estándar, como representantes de las medidas de tendencia central y las medidas de dispersión, la media es una medida de tendencia central o de centralización y la desviación estándar una medida de variabilidad o medida de dispersión.

Pero ¿qué es una medida de dispersión? Esto es muy simple. Imagina que dos estudiantes, Alberto y Benito, rinden tres exámenes; Alberto obtuvo las calificaciones de 10, 15 y 20, lo cual implica un promedio de 15 puntos, mientras que Benito en esos mismos tres exámenes obtuvo 14, 15 y 16, haciendo también un promedio de 15 puntos.

Alberto y Benito tienen el mismo promedio, pero lo que no tienen en común es la dispersión de sus calificaciones, Alberto tiene calificaciones muy dispersas como 10 y 20; mientras que Benito tiene calificaciones más cercanas como 14 y 16. Esta distancia entre los valores es la dispersión o variabilidad y se mide en términos de desviación estándar.

Mientras mayor sea la variabilidad de las calificaciones, mayor será el valor de la desviación estándar, de manera que, lejos de lo que muchos piensan, la desviación estándar no se interpreta, sino que se calcula para observar la variabilidad de una variable numérica en relación a la media. Esto será utilizado con muchos fines más adelante.

La media y la desviación estándar son estadísticos o estadígrafos que no pueden faltar en la descripción de una variable numérica, aunque existen otras medidas de tendencia central como la mediana y la moda; así como otras medidas de variabilidad como la varianza y el error típico de la media, su uso se verá restringido a ocasiones especiales.

Todo análisis estadístico en este nivel es univariado, no importa si en nuestro cuadro de variables hemos anotado más de una variable y estamos tentados a relacionar variables, no es el objetivo de un estudio de este nivel, todas y cada una de las variables consignadas en el cuadro de operacionalización de variables deberán ser analizadas individualmente.

El estudio de nivel descriptivo, como cualquier otro estudio, tiene en su enunciado a la variable de estudio, que en este caso será única, otras variables participantes se denominan variables de caracterización y no aparecen en el enunciado del estudio, puesto que no habrá relación entre variables, pero sí aparecen en el cuadro de operacionalización de variables.

Si desarrollamos un estudio de prevalencia de diabetes y llegamos a la conclusión de que la diabetes afecta al 10% de la población, habrá que describir las características de la población en términos de edad, sexo, hábitos alimenticios, higiene del sueño, actividad física, consumo de comida chatarra, antecedentes familiares de diabetes, etc.

También es posible describir la prevalencia de la enfermedad en función a estas variables de caracterización, pero siempre en el sentido descriptivo y de ningún modo a nivel de prueba de hipótesis, puesto que no es la intención del estudio descriptivo, si se sospecha de alguna relación, se deberá plantear como hipótesis, para el siguiente nivel investigativo.

El análisis estadístico, básicamente, nos plantea dos situaciones: la prueba de hipótesis y la estimación puntual, este segundo caso es el más frecuente a nivel de los estudios descriptivos, estimamos, por ejemplo, el valor de la prevalencia de la enfermedad, decimos que es una estimación porque este valor es calculado a partir de una muestra.

Cuando decimos que el valor de la prevalencia de diabetes en la población es del 10%, en realidad no es del 10% exactamente, este valor es solo una aproximación del verdadero valor, porque no hemos estudiado a toda la población, sino solamente a una parte de ella; por lo tanto, habrá que acompañar a este valor puntual con los intervalos de confianza.

Los intervalos de confianza son los límites entre los que se encontraría el verdadero valor de la prevalencia, por ejemplo, si el valor estimado de la prevalencia es del 10%, los límites podrían estar entre 5% y 15%, la amplitud del intervalo dependerá del tamaño de la muestra; mientras más grande sea la muestra, más reducido será el intervalo de confianza.

Los estudios descriptivos también pueden poner a prueba hipótesis, siempre que contrasten el valor del estadístico o estadígrafo como la prevalencia estimada, con el parámetro de la población de la cual fue obtenida la muestra o con el parámetro de otra población, este contraste se puede dar con variables categóricas o también con variables numéricas.

Si trabajamos con variables categóricas, hablamos clásicamente de los estudios de incidencia y prevalencia, que siempre apuntan a conocer los parámetros de la población a partir de una estimación, esto corresponde a una estimación puntual, esto es lo más común; es por ello que se tiende a pensar que los estudios descriptivos no tienen hipótesis.

Los estudios descriptivos terminan planteando hipótesis para el siguiente nivel investigativo, y lo hacen a nivel de sus recomendaciones, porque a partir de ahora se viene el nivel relacional, un estudio que busca relacionar variables, relación que se sospecha desde el nivel descriptivo y que tiene que ser demostrado a nivel de una prueba de hipótesis.

Premisa N° 7

Los estudios de nivel relacional

En el capítulo anterior, nos habíamos quedado con el conocimiento perfecto de la variable de estudio, conocimiento en términos cuantitativos de frecuencia o de estimación de su frecuencia, con sus respectivos intervalos de confianza, además habíamos acompañado a esta variable con otras variables de caracterización.

Estas variables de caracterización no aparecían en el enunciado del estudio descriptivo, pero ahora que vamos desarrollar un estudio de nivel relacional, que se caracteriza precisamente por relacionar variables, estas variables que vamos a relacionar con la variable de estudio deben aparecer en el enunciado.

A estas otras variables se les conoce como variables asociadas o factores, y ahora las vamos a relacionar con la variable de estudio, la misma que ahora se llamará variable de supervisión. Si no consideramos esto último, estaremos tentados a relacionar "todo con todo".

Así que la característica más importante de este nivel es su análisis estadístico bivariado (de dos variables) y es, precisamente, lo que lo diferencia del nivel descriptivo (donde el análisis estadístico es univariado), Siempre teniendo en cuenta que estas relaciones bivariadas, se plantean entre cada variable asociada respecto de la variable de supervisión.

De esta manera, podemos plantear los estudios por ejemplo de "factores de riesgo". Esto se refiere a las condiciones que, de estar presente en los individuos, incrementan la probabilidad de enfermar; por esta razón, se planteará su relación (asociación o correlación) siempre respecto de la variable de estudio, que ahora se llama variable de supervisión.

Para tener una idea clara del análisis estadístico que vamos a desarrollar, debemos crear un apropiado cuadro de operacionalización de variables, donde anotaremos a la variable de estudio (llámese variable de supervisión) y las variables asociadas, que no son variables independientes, puesto que no estamos tratando de demostrar relaciones de causalidad.

Las relaciones que encontramos a este nivel investigativo son probabilísticas, ello no quiere afirmar o negar que sean relaciones causales, son simplemente una exploración de relación entre variables. Si se trata de variables causales o no, esa decisión no le corresponde al nivel relacional, sino al nivel explicativo que veremos más adelante.

Lo primordial en este momento es alistar un conjunto de variables, de tal modo que podamos analizar con precisión su relación probabilística con la variable de supervisión. Esto no es nada complicado de hacer, puesto que todo ello ya se encuentra planificado en el cuadro de operacionalización de variables previamente elaborado.

El estudio de nivel relacional es bivariado

Como la finalidad del estudio del nivel relacional es relacionar variables, toda la intención de este estudio se agota con el análisis estadístico, puesto que solo se trata de decidir si las variables están relacionados o no; los procedimientos dependerán del tipo de variables.

Hablamos clásicamente de asociación, si las dos variables participantes son categóricas, específicamente dicotómicas, puesto que la asociación se da entre las categorías de las variables y no entre las variables, esto puede causar confusión para algunos, pero analicemos esto, que en realidad es un razonamiento bien sencillo.

Veamos un ejemplo: se piensa que la lateralidad, el ser diestro o zurdo, está relacionado con el sexo de las personas. Si bajo el desarrollo de una prueba de hipótesis encontramos que, realmente, la variable "lateralidad" está relacionada con el "sexo" de las personas, entonces ¿quién se asocia con quién? Ser zurdo con los varones o las mujeres.

Es que la relación se plantea entre variables y es posible que la variable "lateralidad" esté relacionada con el "sexo", pero más allá de eso habrá que plantear la asociación entre ser "zurdo" y el "sexo masculino". En este caso ser "zurdo" y el "sexo masculino" corresponden a las categorías de las variables lateralidad y sexo de las personas.

Así, podemos entender que relacionar variables no es exactamente igual que asociar categorías. La relación es el paso previo, y la asociación, la búsqueda final. Este procedimiento lo desarrollamos con el test de Chi cuadrado de independencia, que pone a prueba la hipótesis de que dos variables no son independientes.

Por otro lado, si relacionamos dos variables numéricas, hablamos específicamente de correlación. En efecto, la correlación es una prueba de hipótesis entre dos variables numéricas y, con ello, descartamos la existencia de los estudios correlacionales, puesto que la correlación es solo un procedimiento estadístico.

Al igual de lo que ocurre con la asociación, la relación entre variables es solo un paso previo a la correlación, primero hay que decidir si existe relación entre las dos variables participantes, la cual se interpreta como correlación, para luego medir la fuerza y la dirección de la correlación, que puede ser positiva o negativa.

El signo de la correlación nos indica si la correlación es directa (+) o inversa (-). Si tenemos en cuenta que las variables numéricas no tienen categorías, sino que sus valores finales son números, entonces podemos hacer la siguiente analogía: la asociación se da entre categorías, y la correlación entre las unidades de las variables numéricas.

Por ejemplo, si existe relación entre la variable hemoglobina de la madre y el peso de su recién nacido, entonces, la correlación se da entre los valores de hemoglobina expresado en mg% y el peso del recién nacido expresado en gramos. Son las unidades las que se correlación: a más hemoglobina en mg% de la madre, más gramos de peso para el recién nacido.

Correlacionar es exactamente los mismo que asociar, es la misma intención, a un mismo nivel investigativo, que pueden incluso ayudar a completar un mismo propósito, como el de los factores de riesgo. Son procedimientos análogos, la única diferencia es la naturaleza de las variables. El primero con variables categóricas, el segundo con variables numéricas.

Pero no todo en el nivel relacional es prueba de hipótesis, también existe la estimación puntual, aunque este último propósito no es muy frecuente. La estimación puntual corresponde a la cuantificación de la asociación o de la correlación, según corresponda, tenemos medidas de asociación y de correlación de las muy variadas.

Si queremos medir la fuerza de asociación, tenemos al coeficiente Phi, pero lo que realmente nos interesa son las medidas de asociación epidemiológicas como el Riesgo Relativo y el Odds Ratio, tenemos también medidas de concordancia como el índice Kappa de Cohen. Todas estas medidas son adimensionales.

El Riesgo Relativo y el Odds Ratio son cocientes, esto quiere decir que pueden ser inferiores a la unidad y también superiores, muy superiores, dependiendo de la magnitud del riesgo que estemos calculando. Al tratarse de una estimación puntual, se les debe acompañar por sus respectivos intervalos de confianza.

El coeficiente Phi y el Kappa de Cohen son índices, esto quiere decir que su valor oscila entre cero y uno, porque corresponde a un valor de probabilidad. Mientras más cercano a uno, la asociación es más fuerte, no hay un punto de corte para decidir si la asociación es más fuerte o menos fuerte, puesto que no se trata de una prueba de hipótesis.

Sin embargo, hay que recordar siempre que las medidas de asociación se calculan después de demostrar la asociación, puesto que no tiene ningún sentido calcular estos cocientes o índices, si previamente no se ha demostrado la hipótesis que pone a prueba su asociación; de no encontrar asociación, su cálculo es innecesario.

Al igual de lo que ocurre con la asociación, para cuantificar la correlación también tenemos varias opciones, comenzando con los muy conocidos coeficientes R de Pearson y Rho de Spearman, básicamente para medir la fuerza de correlación de dos variables numéricas, pero aquí hay exigencias que no encontramos en la asociación.

Es que a la R de Pearson se le cataloga como un procedimiento paramétrico, ello implica que además de la naturaleza numérica de sus valores finales, el requisito es que su distribución sea normal o estándar. Ello, por supuesto, implica el desarrollo de una prueba de hipótesis como prerrequisito antes de desarrollar la correlación.

Solo en los casos en que las variables participantes demuestren distribución normal, se utilizará la R de Pearson, en su defecto, utilizaremos la Rho de Spearman, el cual se puede aplicar también a la correlación entre dos variables nativamente ordinales. En efecto, las variables ordinales son categóricas, pero se les aplica el procedimiento de la correlación.

La hipótesis que le corresponde a este nivel es una hipótesis empírica, porque que nace a partir de la subjetividad del investigador, y que carece de fundamento, no requiere referentes empíricos, solamente sospechas por parte del investigador. Esta primera hipótesis dentro de la línea de investigación suele ser a dos colas.

Finalmente, los estudios relacionales terminan planteando relaciones de causalidad, a manera de nuevas hipótesis, para el siguiente nivel investigativo. Para esto, el nivel relacional aporta la asociación y la fuerza de asociación como principales sustratos para plantear un estudio de nivel explicativo, un estudio que pone a prueba la hipótesis de la causalidad.

Premisa N° 8

Los estudios de nivel explicativo

Continuando con el desarrollo de una línea de investigación, nos toca desarrollar un estudio de nivel explicativo, el cual se caracteriza por someter a prueba la hipótesis de la causalidad. Aquí se trata de decidir si una variable denominada independiente es realmente la causa de la variable dependiente. Para ello haremos uso de los criterios de causalidad.

Para hablar de causalidad existen muchas teorías, tenemos por ejemplo los postulados de Koch, los postulados de Evans, los criterios de causalidad de Simonin y, por supuesto, mis favoritos, los criterios de causalidad de Bradford Hill. Sí. El mismo que junto a Richard Doll demostró que el tabaco es la causa del cáncer y las enfermedades de corazón.

Así, si de relaciones de causalidad se trata, no hay mejor ejemplo que el del tabaco y el cáncer de pulmón. Por ello, utilizaremos el listado propuesto por Bradford Hill, aunque con ligeras adaptaciones a más de medio siglo de la publicación original de su autor.

La lista de los criterios de causalidad comienza con el análisis estadístico, específicamente la asociación y la fuerza de asociación, que también puede entenderse como relación dosis-respuesta. Esto significa que mientras más grande es la dosis, más grande deberá ser la respuesta; se trata claramente de una correlación entre variables numéricas.

Pero el listado de los criterios de causalidad tiene 7 puntos adicionales que debemos completar o que más bien debemos intentar completar, puesto que no siempre es posible que se cumplan, esto nos da pie a pensar en que la estadística es insuficiente para demostrar relaciones de causalidad. Lo dijo Bradford Hill, hace ya más de medio siglo.

En consecuencia, los procedimientos estadísticos no hacen más que cumplir dos de los nueve criterios; sin embargo, son los más importantes, en el orden de asociación, entiéndase como relación entre variables y relación dosis-respuesta, entiéndase como fuerza de correlación. Sin estos dos criterios, no podemos pensar en relaciones de causalidad.

Sin embargo, estos dos requisitos ya venían completados desde el nivel anterior, el nivel relacional, donde se puso a prueba la hipótesis empírica de la relación entre variables y se medía la fuerza de correlación. Pues bien, aquí en el nivel explicativo nos vamos a asegurar de que estas relaciones no sean casuales, aleatorias o espurias.

Para esto nos vamos apoyar en el análisis estadístico, pero esta vez con la clara intención de descartar las asociaciones casuales, aleatorias o espurias; de manera que haremos uso del análisis multivariado, pero siempre apoyado en el método investigativo, mediante el cual controlaremos variables desde antes de la recolección de datos.

El estudio de nivel explicativo analiza la causalidad

Un estudio de causa y efecto se configura, desde antes de recolectar los datos, desde la identificación de la variable o las variables independientes, las cuales son supuestas causas de la variable de estudio que ahora se llama variable dependiente.

Habrá por tanto una hipótesis: la variable independiente es la causa de la variable dependiente, ya sea que la variable independiente sea única o múltiple. Pero esta hipótesis ya no es empírica, sino racional. Esto significa que debe tener referentes empíricos, antecedentes investigativos, que nos hayan conducido a su planteamiento.

Para asegurar que esta relación entre variables corresponde a la causalidad y no a la casualidad, tenemos dos herramientas básicas: la primera es el control metodológico, y la segunda el control estadístico. El control metodológico incluye la configuración del método en todas sus fases correspondientes a la validez de un estudio.

Esto en esencia es el control del error aleatorio y el error sistemático. El error aleatorio tiene que ver con el tamaño muestral, error que puede ser anulado, solamente si estudiamos a toda la población. Como esto en la mayoría de los casos no es posible, hacemos un cálculo del error aleatorio a partir del tamaño de la muestra determinado.

El error sistemático se controla evitando los sesgos de selección y sesgos de medición, estos son todos los procedimientos estrictos desde la selección de los individuos que conformarán la muestra, hasta la utilización de instrumentos previamente validados y calibrados, siguiendo minuciosos protocolos para su aplicación.

Una vez asegurada la validez interna del estudio, viene el control estadístico. Si se han identificado variables intervinientes, el análisis estratificado es el indicado, utilizaremos el test de Mantel-Haenszel; pero si no se han identificado variables intervinientes, una regresión logística binaria puede ayudar.

La regresión logística binaria tiene varias utilidades, incluso a diferentes niveles investigativos. Por ejemplo, el cuadro de "variables que no están en la ecuación" resume el análisis bivariado, y el cuadro "variables en la ecuación" corresponde al análisis multivariado, porque incluye la interacción entre las variables independientes.

La regresión logística binaria también es útil a nivel predictivo. Esto cuando logramos construir una ecuación, que de aplicarse, es capaz de predecir los resultados de una variable dependiente, que en este caso recibirá el nombre de endógena. Esto lo veremos en el siguiente nivel investigativo, por ahora solo nos interesa la relación de causalidad.

En una regresión logística binaria enfocamos nuestra mirada en el cuadro "variables en la ecuación" porque se trata de un análisis estadístico multivariado, capaz de descartar las asociaciones, casuales, aleatorias o espurias, y encontrar las variables que realmente están influyendo de manera significativa sobre la variable dependiente.

El análisis estadístico para este nivel termina determinando si la relación entre variables es real o no, esto apoyado en la regresión logística binaria, multinomial y ordinal, si la variable dependiente es dicotómica, politómica u ordinal respectivamente, o en las regresiones lineales, si la variable dependiente es numérica.

A los criterios de relación real entre variables y fuerza de asociación, le vamos a agregar un criterio de evidenciación muy lógico, se trata de la relación temporal. Es que la variable independiente debió establecerse antes de que aparezca la variable dependiente, así como ocurre con la relación entre el consumo de tabaco y el cáncer de pulmón.

Para identificar este criterio de secuencia temporal o relación temporal entre la variable independiente y la variable dependiente, podemos desarrollar un estudio observacional; es decir, no es necesario experimentar. Si esto es así, estamos frente un estudio de evidenciación, que clásicamente llevan en el enunciado la palabra "influencia".

Sin embargo, siempre nos quedará la necesidad de demostrar lo que acabamos de evidenciar. Entonces, nos preparamos para el desarrollo del experimento. El requisito para ello será plantear una hipótesis racional, fundamentada, por ejemplo, en el razonamiento por analogía, bajo conceptos tomados de los antecedentes investigativos.

Si vamos a desarrollar un experimento, será más fácil de desarrollar si planteamos solamente una causa; no es que los problemas o las enfermedades sean unicausales, sino que es más fácil demostrar una relación de causa y efecto, cuando para un determinado efecto se plantea una sola causa, y ello conllevará a desarrollar un estudio por cada causa sospechada.

Finalmente, desarrollamos el experimento, el cual tiene una ventaja importante, que con este procedimiento se cumplen los cinco primeros criterios anteriormente señalados: asociación estadística, la relación dosis-respuesta, la secuencia temporal, el razonamiento por analogía y la especificidad.

La experimentación más que un criterio de causalidad, es una estrategia metodológica para demostrar relaciones de causalidad. De allí que existan cursos completos de diseños experimentales, esto es porque se trata del criterio de causalidad por excelencia, pero no por ello indispensable, es decir, se pueden desarrollar estudios de causalidad sin experimentación.

Pero aun así la experimentación no es la panacea, no podemos fiarnos de los resultados de un único investigador. En investigación científica, es mejor comprobar los resultados utilizando el mismo método investigativo, con los mismos instrumentos, pero en otra población, con otro investigador y en otras circunstancias.

Si los resultados se mantienen constantes entonces se cumple otro criterio de causalidad denominado consistencia. Pero si estamos casi seguros de que la relación analizada corresponde a una relación de causalidad, solo falta explicar el mecanismo exacto mediante el cual la variable independiente causa la variable dependiente.

A esto se le denomina plausibilidad biológica. Se le puede llamar también mecanismo de acción o mecanismo de daño, si se trata de una enfermedad, pero ya nos vamos dando cuenta de que esto no se podrá cumplir cuando estudiamos variables sociales, y finalmente podremos hacer deducciones a partir de todo el conocimiento acumulado.

Un ejemplo de esto es lo que ocurre con algunos pacientes con signos y síntomas de tuberculosis, a los cuales nunca se les encuentra el bacilo de Koch, se dice que son BK(-), ante la fuerte sospecha se les inicia un tratamiento antituberculoso y se observa una franca mejoría. A esto se le denomina prueba terapéutica y corresponde al criterio de la coherencia.

Premisa N° 9

Los estudios de nivel predictivo

Luego de conocer las causas de un determinado problema o una enfermedad, nos alistamos para intervenir en la historia natural de la misma, pero antes, vamos a desarrollar un paso previo, se trata de la predicción. En medicina, lo conocemos como el estudio del pronóstico, y se trata de anticiparse a las complicaciones.

En este punto la finalidad de los estudios es predecir probabilísticamente la ocurrencia de eventos generalmente adversos como la enfermedad y la muerte; también predicen sucesos en función al tiempo, como por ejemplo, el tiempo de vida media.

A la probabilidad de ocurrencia de un evento adverso se le conoce como predicción, y al cálculo del tiempo medio en que ocurriría el evento adverso se le conoce como pronóstico. Un ejemplo de predicción es la probabilidad de que una cirugía se complique, y un ejemplo de pronóstico es el tiempo de vida media de una prótesis dentaria.

Desde el punto de vista estadístico no se trata de poner a prueba hipótesis, sino construir modelos predictivos, hacer cálculos, pero no para un grupo, sino para un individuo en particular. Para ello se aplican procedimientos estadísticos específicos, como las ecuaciones estructurales, las series de tiempo y el análisis de supervivencia y la minería de datos.

Para construir un modelo predictivo debemos definir claramente nuestra variable endógena (variable a predecir) y a nuestras variables exógenas (variables predictivas), las cuales previamente han sido demostradas como variables causales en el nivel anterior, de modo que las incluimos en el estudio, pero con fines predictivos.

La probabilidad de que un evento ocurra tiene valores finales dicotómicos, porque puede que ocurra o que no ocurra. Por lo tanto, corresponde a una variable dicotómica, pero no se trata de una prueba de hipótesis, sino de la probabilidad de ocurrencia en términos fraccionarios, es decir de cero a uno o en porcentaje.

En otros casos, el interés del investigador está centrado en predecir la ocurrencia de un evento en función al tiempo, para lo cual necesitará información del pasado para predecir el futuro. Esta predicción es una estimación puntual y se tendrá que acompañar con un determinado nivel de confianza.

De manera que al igual de lo que ocurre con los niveles investigativos anteriores, la finalidad cuantitativa de los estudios se sigue resumiendo en una estimación puntual y en una prueba de hipótesis, que en este caso no se concluye con alguna de las dos hipótesis, sino que la conclusión es probabilística, la probabilidad de que ocurra un resultado.

Las ecuaciones estructurales

La forma más simple de predecir es con el valor la prevalencia. Si en una determinada comunidad, el 10% de la población padece de diabetes, entonces, de elegir aleatoriamente a un individuo de la misma comunidad, la probabilidad de que tenga diabetes es del 10%.

Pero una buena predicción nunca está en el orden del 10%, sino más bien por encima del 80% e idealmente por encima del 90%; esto solamente es posible de conseguir si integramos más variables. En nuestro modelo predictivo, podemos utilizar dos variables, tres variables, y todas la variables necesarias para incrementar el grado de certeza de nuestra predicción.

Es así que nace el modelo predictivo de las ecuaciones estructurales, la cual consiste en crear una fórmula matemática, una ecuación, un modelo predictivo; pero no solamente uno, sino varios, con la finalidad de encontrar aquel que nos permita lograr la mayor cantidad de aciertos dentro del universo de posibilidades.

Las ecuaciones estructurales están compuestas por una variable endógena o variable a predecir, y muchas variables exógenas o variables predictoras. Si la variable endógena es categórica, utilizamos los modelos logísticos; mientras que si la variable a predecir es numérica, utilizamos los modelos lineales.

En cuanto a las variables exógenas no hay distinción, pueden participar variables categóricas y numéricas; las variables categóricas politómicas deben desagregarse en variables temporales, o variables ficticias denominadas Dummy, esto porque no es posible analizar la direccionalidad de este tipo de variables.

Las series de tiempo

Muchas variables biológicas tienen un comportamiento dependiente del tiempo. Por ejemplo, los niveles de glucosa en ayunas en un paciente a lo largo de los años de su vida, lo mismo ocurre con la función renal, con la eficiencia de contracción del corazón, etc.

Las series de tiempo analizan el pasado de una variable para predecir su comportamiento futuro; por ejemplo, si una persona amanece con una glucosa de 90mg% a los 25 años, luego a los 30 es de 95mg%; más adelante, a los 35 años es de 100mg%; entonces ya nos vamos haciendo una idea de que la glucosa cruzará el umbral de los 110 mg% a los 45 años de edad.

Esto es posible de conocer porque conocemos el comportamiento de la variable "nivel de glucosa" en ayunas a lo largo del tiempo y es posible conocer su tendencia, de tal modo que podemos anticiparnos a lo que ocurrirá en el futuro. No se trata de una predicción esotérica, sino de una predicción probabilística.

Las variables de dependen del tiempo, tienen un comportamiento de aumento o disminución a lo largo del tiempo. A esto se le denomina tendencia, pero no es el único de los componente de las series temporales, también existen variaciones estacionales, por ejemplo, la diarrea en los niños aumenta en los meses de verano, y disminuye en los meses de invierno.

Para poder construir un modelo capaz de lograr predicciones más certeras, este componente estacional es posible de separar de la tendencia. Por supuesto, existirán contaminantes de la tendencia y la estacionalidad. A este componte se le denomina ruido, y no se puede predecir, así que la tarea consiste en reducirlo al máximo.

El análisis de supervivencia

Se trata de un conjunto de procedimientos estadísticos para estimar el tiempo medio hasta que ocurrirá algún acontecimiento; por ejemplo, podemos estimar la edad media a la que se produce la menarquia en las mujeres, también podemos hacer lo mismo con la menopausia.

Estas estimaciones del tiempo medio que transcurrirá hasta que se produzca el evento, son factibles de calcular, porque sabemos que todas las mujeres deben presentar la menarquia y también la menopausia; pero ¿qué hay de las mujeres que nunca experimentan su primera menstruación o de aquellas que fallecen antes de presentar el evento?

Si el número de personas que desaparecen del estudio antes de completar el evento es muy escaso, se pueden eliminar del estudio; pero ¿qué hay de aquellos casos en que el número de personas que desaparecen del estudio son muy numerosas? En ese caso, habrá que incluirlas en el estudio y se le conoce como "casos censurados".

Denominar caso censurado a una unidad de estudio que desaparece del estudio, antes de que ocurra el evento, no ayuda mucho; tal vez, el nombre de caso perdido sea el más adecuado, sin embargo, es la nomenclatura con la que se le encuentra en los libros y, por supuesto, también en el software estadístico.

Existen muchas variables cuya ocurrencia depende del tiempo y que son manejadas erróneamente desde el punto de vista estadístico. Son variables que dependen del tiempo, las complicaciones de la diabetes, la duración de una prótesis dentaria, la reincidencia de un expresidiario antes de que vuelva a cometer el mismo delito por el que fue encarcelado.

La minería de datos

La construcción de un modelo predictivo es un arte, no importa cuán acertado parezca el modelo que acabamos de construir, siempre habrá una forma de mejorarlo, de tal modo que habrá que construir tantos modelos predictivos, como interés tengamos por mejorarlo.

Esta tarea puede parecer muy ardua, sin embargo, no lo es. En realidad, es muy sencilla, y se realiza mediante procedimientos de minería de datos, haciendo uso del software estadístico; podemos, por ejemplo, construir una docena de modelos predictivos y compararlos para ver cuál es el que tiene la mejor capacidad predictiva.

La evaluación de la capacidad predictiva, que en minería de datos se denomina eficiencia del modelo predictivo, se realiza mediante la validación cruzada, la cual consiste dividir a la base de datos en dos partes, la primera para crear el modelo, y la segunda para evaluar el modelo, contrastando los resultados de la predicción para la variable endógena con los valore reales.

Si la variable a predecir es una variable categórica dicotómica, la capacidad predictiva es medida por la precisión, la cual se expresa en términos de porcentaje. Mientras más alta sea la precisión, estaremos frente a un modelo con mejor capacidad predictiva, no importa cuál sea la configuración de la ecuación, la evaluación es por probabilidad de acierto.

Si la variable a predecir es numérica, la capacidad predictiva es medida por el Root Mean Squared Error (RMSE) Raíz del Cuadrado Medio del Error, el cual no es más que una medida del error en la validación cruzada, así que mientras más bajo sea este valor, mejor capacidad predictiva tendrá el modelo construido.

Premisa N° 10

Los estudios de nivel aplicativo

La finalidad de los estudios de nivel investigativo aplicativo es la solución de problemas con visión científica, soluciones que se sustenten en los hechos, en la evidencia científica y en todas las condiciones que caracterizan a la ciencia, con la finalidad de mejorar las condiciones del ser humano y su entorno.

Mario Bunge divide a la investigación en pura y aplicada. En términos sencillos la finalidad de la investigación pura es "conocer", mientras que la finalidad de la investigación aplicada es "mejorar"; por lo tanto, la investigación pura abarca los cinco primeros niveles de la investigación y la investigación aplicada se corresponde con el nivel aplicativo.

La investigación aplicada reúne no solamente un conjunto de métodos, procedimientos y estrategias con la finalidad de mejorar las condiciones del ser humano y su entorno, sino que presenta diferentes enfoques de acuerdo al campo del conocimiento en el que se desarrolla.

La investigación aplicada recibe distintos nombres dependiendo del campo del conocimiento en donde se desarrolle. Es posible asignarle diferentes nombres como investigación intervencionista, investigación-acción, investigación tecnológica; pero estos nombres no son exactamente sinónimos, como veremos a continuación.

La investigación intervencionista es aquella donde la intervención sobre los sujetos se realiza con la finalidad estricta de mejorar sus condiciones de salud. Aquí la intervención no es deliberada, sino a propósito de las necesidades terapéuticas del sujeto, intervención que es evaluada, para llegar a conclusiones que a su vez nos permitan mejorar la intervención.

La investigación-acción busca encontrar soluciones prácticas, inmediatas, sistematizadas o no sistematizadas, programáticas o no programáticas, con tal de resolver un problema, no necesariamente son la consecuencia de una línea de investigación, sino de problemas que requieren atención inmediata

Investigación tecnológica es el último de los peldaños de la investigación aplicada, la finalidad es crear unidades productivas sistematizadas para la solución de problemas, apoyado en la tecnología, ya no se trata de pensar en solucionar el problema de un individuo aislado, sino de toda la población que requiera de la misma solución.

El fin primario de la investigación tecnológica es la productividad. Por ello, se rige por las reglas del mercado, porque tiene una finalidad económica. La supervivencia del propio sistema la obliga a innovar o alcanzar nuevas soluciones a necesidades humanas, en el mundo comercial necesitará de registros y patentes.

La evaluación del proceso

La intervención para solucionar problemas es un proceso, y como tal, debe ser medido, porque solamente lo que se mide es factible de ser mejorado. Así tenemos que toda intervención debe ser evaluada desde el momento en que se planea hasta el momento que se ejecuta.

La elaboración de diagramas visuales ayuda a procesar, organizar y priorizar la evaluación, de manera que pueda contrastarse rápidamente con a su base de resultados previos; además, permite identificar ideas erróneas y visualizar patrones e interrelaciones en la información, factores necesarios e innecesarios para la evaluación.

A este nivel, los Diagramas Causa-Efecto ayudan a pensar sobre todas las causas reales y potenciales de la ineficiencia de un sistema, y no solamente en las más obvias o simples. Además, son idóneos para motivar el análisis, visualizar las razones, motivos o factores principales y secundarios, tomar decisiones y mejorar el plan de acción.

El Diagrama Causa-Efecto es llamado usualmente Diagrama de "Ishikawa", porque fue creado por Kaoru Ishikawa, experto en dirección de empresas e interesado en mejorar el control de la calidad; también es llamado "Diagrama Espina de Pescado" porque su forma es similar al esqueleto de un pez.

Este diagrama está compuesto por un recuadro (cabeza), una línea principal (columna vertebral), y 4 o más líneas que apuntan a la línea principal formando un ángulo aproximado de 70° (espinas principales). Estas últimas poseen, a su vez, dos o tres líneas inclinadas (espinas), y así sucesivamente (espinas menores), según sea necesario.

El control del proceso

Luego de encontrar una buena solución al problema, siempre estaremos interesados en sistematizarla. Por supuesto, para asegurarnos de que los resultados de la intervención sean estables, el primer paso es establecer los límites de tolerancia del sistema.

Estos límites se establecen en función a la variabilidad de la variable que se está monitorizando; por ejemplo, el monitoreo de la frecuencia cardíaca fetal se utiliza para comprobar la frecuencia y el ritmo de los latidos del corazón del feto, ello implica conocer los límites entre los cuales deben encontrarse estas variables.

Los límites de control y de tolerancia. Estos parámetros se establecen en un estudio preliminar, conocido también como estudio de fase uno, o estudio piloto. Una vez establecido el sistema y conocido el proceso, estos límites nos permiten monitorizar la variabilidad de los resultados y la mediciones a lo largo de todo el seguimiento.

Hablamos estrictamente de estudio de monitoreo, luego de que se establecen o se conocen los parámetros del sistema. Se puede monitorear variables numéricas denominadas en el control de calidad como variables medibles y también variables categóricas que en el control de calidad se denominan variables no medibles.

Es importante aclarar que los procedimientos estadísticos que desarrollamos en la investigación aplicada, utilizan la terminología del control de calidad. Por ello, aparece nueva terminología, que en ningún caso contradice a todo lo revisado actualmente; un ejemplo de ello es la forma en que se les nombra a las variables en el monitoreo.

La calibración del proceso

La calibración es un procedimiento que busca estabilizar los resultados de un sistema, de una intervención, con la finalidad de evitar sesgos o desviaciones, entre los resultados observados respecto de un resultado esperado, que puede considerarse como el resultado real.

Para que una solución a un problema sea estable, es necesario conocer el error o variabilidad que se obtiene en cada aplicación; así como la incertidumbre que genera a la hora de tomar decisiones. La calibración consiste básicamente en realizar pruebas de repetibilidad, reproducibilidad y linealidad (también denominada exactitud).

La repetibilidad es la variación de las mediciones obtenidas luego de aplicar una intervención, varias veces a un mismo individuo por el mismo evaluador. Esto significa que la repetibilidad analiza la estabilidad del sistema mismo, del procedimiento de intervención aplicado para la solución del problema.

La reproducibilidad es la variación entre promedios de las mediciones realizadas por diferentes operadores que utilizan la misma intervención sobre el mismo individuo, de tal modo que la reproducibilidad analiza la estabilidad del procedimiento mediante el cual se realiza la intervención, a fin de que cualquier persona lo pueda reproducir.

De esta forma, la combinación de todas estas pruebas asegura la confiabilidad de la medición, al garantizar que son repetibles, reproducibles y predecibles. Así, podamos aplicar masivamente una solución a un problema que afecta a un conjunto de individuos, una vez detectada la presencia del problema.

La aceptación del resultado

Finalmente, se realizan inspecciones o pruebas de muestreo para verificar que los resultados de la intervención son óptimas; esta fase final de la intervención corresponde al momento en que la solución ya se está aplicando masivamente a la población afectada

Por ejemplo, un medicamento que ya está en fase de comercialización no impide que sus resultados sigan siendo analizados; por el contrario, existen procedimientos estandarizados para reportar posibles complicaciones, efectos adversos, reacciones adversas medicamentosas, en caso de producirse.

El problema de esto es que de presentarse un resultado negativo, ya no es posible resarcir esta situación. Por ejemplo, la talidomida fue comercializada en la década de los sesenta como tratamiento para las náuseas en las embarazadas, provocó miles de nacimientos de niños afectados por la carencia o excesiva cortedad de sus extremidades.

Hablando de medicamentos, es posible que una persona que recibe un determinado medicamento presente una complicación no relacionada al medicamente ingerido. En ese caso, se hace necesario calcular el número de complicaciones que deben aparecer en un grupo de tamaño determinado, para considerar la alerta acerca del medicamento.

A esto se le denomina muestreo de aceptación, el ultimo procedimiento analítico del control de calidad, en el último de los peldaños de la investigación científica del nivel aplicativo de la investigación. Este tipo de muestreo no guarda ninguna relación con el muestreo de los estudios de estimación y de prueba de hipótesis conocidos.

ACERCA DEL AUTOR

El Dr. José Supo es Médico Bioestadístico, Doctor en Salud Pública, director de www.bioestadístico.com y autor del libro "Seminarios de Investigación Científica".

Programas de entrenamiento desarrollados por el autor:

1. Análisis de Datos Aplicado a la Investigación Científica
2. Seminarios de Investigación para la Producción Científica
3. Validación de Instrumentos de Medición Documentales
4. Técnicas de Muestreo Estadístico en Investigación
5. Taller de tesis: Desarrollo del Proyecto e Informe Final
6. Análisis de Datos Categóricos y Variables Discretas
7. Análisis de la Causalidad con Diseños Experimentales
8. Técnicas de análisis Predictivos y Modelos de Regresión
9. Minería de Datos para la Investigación Científica
10. Control de Calidad: Análisis del Proceso, Resultado e Impacto
11. Entrenamiento para Tutores, Jurados y Asesores de tesis
12. Herramientas para la Redacción y Publicación Científica

MÁS SOBRE EL AUTOR

El Dr. José Supo es conferencista en métodos de investigación científica, entrenador en análisis de datos aplicado a la investigación científica y desarrolla talleres sobre los siguientes temas:

Libros y audiolibros publicados por el autor:

1. Cómo empezar una tesis

2. Cómo escribir una tesis

3. Cómo sustentar una tesis

4. Cómo ser un tutor de tesis

5. Cómo evaluar una tesis

6. Cómo asesorar una tesis

7. Taxonomía de la investigación

8. El propósito de la investigación

9. Las variables analíticas

10. Los objetivos del estudio

11. Cómo probar una hipótesis

12. Cómo elegir una muestra

13. Cómo validar un instrumento

14. Validación de pruebas diagnósticas

15. Técnicas de recolección de datos

16. Cómo se elige una prueba estadística

¿Quieres saber más?

www.seminariosdeinvestigacion.com

www.ingramcontent.com/pod-product-compliance
Lightning Source LLC
Chambersburg PA
CBHW021415170526
45164CB00002B/650